Comprender el sonido y la luz

AF893503

¿Qué es el sonido? 2

Cómo viaja el sonido 4

Descripción del sonido 6

¿Qué es la luz? 8

Ondas luminosas 10

Absorción y reflexión 12

Refracción 14

Glosario 16

Harcourt
SCHOOL PUBLISHERS

Orlando Austin New York San Diego Toronto London

¡Visita *The Learning Site!*
www.harcourtschool.com

¿Qué es el sonido?

¿De qué forma los instrumentos de una orquesta producen sonidos tan hermosos? Cada instrumento, por ejemplo un tambor, una guitarra o una flauta, produce un sonido diferente. Juntos, los sonidos se combinan y producen una música hermosa.

El sonido es una forma de energía que viaja a través del aire. Quizás sepas que los instrumentos musicales no solo tienen distintos sonidos, sino que también producen sonidos de diferentes maneras. Un tambor suena cuando se lo golpea, una guitarra suena cuando se la rasguea y una flauta suena cuando el aire pasa a través de una lengüeta. Independientemente de la forma en que se tocan, todos los instrumentos musicales producen sonido cuando algo vibra, ya sea el parche de un tambor, las cuerdas de una guitarra o la lengüeta de una flauta. Una **vibración** es un movimiento en vaivén de la materia.

Por lo general, los sonidos que oímos viajan a través del aire. Pero las vibraciones pueden viajar a través de cualquier tipo de materia, como un sólido, un líquido o un gas. La materia que transmite las ondas sonoras se llama *medio*. La velocidad del sonido depende del medio a través del cual viaja. Todos los sonidos viajan a la misma velocidad en cada tipo de medio. Si el medio cambia, también cambia la velocidad del sonido. El sonido se mueve más rápido en el aire caliente que en el aire frío. El sonido también viaja más rápidamente a través de los sólidos que de los gases.

Los sonidos de la flauta se producen por la vibración de una columna de aire.

Destreza clave

IDEA PRINCIPAL Y DETALLES

Describe tres formas en que los instrumentos musicales producen sonido.

Las ballenas producen sonidos que viajan cientos de kilómetros a través del agua.

Datos breves

Velocidad del sonido en distintos medios

Medio	Velocidad del sonido
Aire (gas)	340 metros por segundo (alrededor de 1,100 pies por segundo)
Agua (líquido)	1500 metros por segundo (alrededor de 4,900 pies por segundo)
Acero (sólido)	5000 metros por segundo (alrededor de 16,400 pies por segundo)

Cómo viaja el sonido

El sonido viaja en forma de ondas. Cuando se golpea un tambor, el parche comienza a vibrar y a empujar el aire que está por encima de él. A medida que el sonido viaja a través del aire, las moléculas de aire vibran en la misma dirección en que se mueve el sonido. Al moverse, el sonido comprime, o presiona, las moléculas de aire. Estas moléculas, a su vez, empujan el aire cercano. La vibración continúa propagándose. La compresión avanza y produce una serie de ondas sonoras. Las ondas sonoras se mueven en todas las direcciones alejándose del objeto que las produce.

El sonido viaja en forma de ondas de compresión. Las ondas se propagan en todas las direcciones.

Cuando las ondas sonoras chocan contra una superficie, la energía sonora es absorbida parcial o totalmente. Las superficies blandas absorben más energía. Las superficies duras absorben menos energía y, por eso, el sonido rebota al chocar contra ellas. La **absorción** es la captación de la energía luminosa o sonora por parte de un objeto.

Al gritar, oyes el sonido en el mismo momento en que lo produces. Si gritas en dirección a una superficie dura, el sonido rebota. Es posible que oigas un eco cuando las ondas sonoras regresen.

Un sonido que rebota en una superficie dura se llama eco. Seguramente has oído un eco alguna vez. Al gritar "¡Hola!", tus cuerdas vocales producen sonidos que se alejan en todas las direcciones. Si las ondas sonoras chocan contra una superficie dura, pueden rebotar y regresar a ti. Si el eco es muy fuerte, oirás tu "¡Hola!" después de haber gritado. Si hay más de una superficie dura, el eco puede llegar a oírse varias veces.

Destreza clave **IDEA PRINCIPAL Y DETALLES** **¿Cómo viaja el sonido?**

Descripción del sonido

Si golpeas un tambor suavemente, el sonido que produce es suave. Si lo golpeas con más fuerza, el sonido es fuerte. El **volumen** es una medida de la intensidad de un sonido. Se mide en decibelios (dB). El sonido más suave que una persona puede oír es de 0 dB. El volumen de un susurro es de unos 20 dB, el de una conversación es de unos 60 dB, ¡y el de un trueno es de unos 120 dB! Los sonidos por encima de los 100 dB pueden causar dolor y dañar los oídos. Por eso es importante usar tapones para los oídos u otro tipo de protección en los lugares donde hay sonidos fuertes.

Un sonido también puede describirse como agudo o grave. Cuando escuchas música, seguramente te das cuenta de que algunos sonidos son más agudos que otros. El **tono** indica cuán grave o agudo es un sonido.

Los sonidos muy fuertes pueden dañar los oídos. Mantén bajo el volumen de tu equipo de música o de tu reproductor de música portátil.

Quienes tocan la guitarra modifican el tono de los sonidos cambiando la longitud de las cuerdas. El cambio de longitud afecta a la rapidez con que la cuerda vibra. Una cuerda corta vibra más rápidamente, mientras que una cuerda larga vibra más despacio. La cantidad de vibraciones por segundo es la **frecuencia** de un sonido. La frecuencia de las ondas sonoras determina el tono del sonido. Un sonido de frecuencia alta tiene un tono agudo. Un sonido de frecuencia baja tiene un tono grave.

Destreza clave **IDEA PRINCIPAL Y DETALLES ¿Qué sucede con el sonido de una guitarra al cambiar la longitud de una cuerda?**

¿Qué es la luz?

Necesitas luz para ver. Probablemente sepas que la luz, al igual que el sonido, no es materia. La luz es una forma de energía.

La luz que se ve es solo una pequeña parte del espectro electromagnético. El espectro electromagnético está formado por ondas luminosas de distintas frecuencias. La parte del espectro que se ve es la *luz visible*. Entre las ondas electromagnéticas también se encuentran las ondas de radio, las microondas, las ondas infrarrojas, las ondas ultravioleta y los rayos X. Algunos de estos tipos de ondas electromagnéticas tienen frecuencias más bajas que la luz visible. Otros tienen frecuencias más altas.

Datos breves

El arco iris se forma cuando la luz atraviesa las gotas de lluvia. Cada gota actúa como un prisma y separa la luz blanca en los colores que la componen.

Ciertos aparatos inalámbricos, como este teléfono celular, reciben y transmiten señales por medio de ondas de radio. Estas ondas tienen frecuencias más bajas que la luz visible.

La luz violeta tiene la longitud de onda más corta. La luz roja tiene la longitud de onda más larga.

Quizás pienses que la luz solar es blanca o incolora. Pero, en realidad, está compuesta por todos los colores del arco iris. A través de un prisma es posible ver el espectro de luz visible. Cuando un haz de luz blanca atraviesa un prisma, las ondas de diferente longitud que componen la luz visible se desvían en ángulos diferentes y se separan. Los seres humanos vemos las distintas longitudes de onda en forma de diferentes colores. El rojo tiene la longitud de onda más larga y el violeta tiene la longitud de onda más corta. Entre el rojo y el violeta se encuentran todos los demás colores del arco iris.

Destreza clave **IDEA PRINCIPAL Y DETALLES** **¿Cómo está formado el espectro electromagnético?**

Ondas luminosas

La luz viaja en forma de ondas. Sin embargo, las ondas luminosas son diferentes de las ondas sonoras. Recuerda que las ondas sonoras viajan a través de la materia en forma de ondas de compresión. En cambio, las ondas luminosas no necesitan un medio para viajar ni comprimen la materia al desplazarse. Las ondas luminosas se mueven como las olas del océano. Quizá sepas que las olas del agua se mueven hacia arriba y hacia abajo, pero no hacia adelante y hacia atrás. Las ondas luminosas se comportan de forma similar.

En el espacio, la luz viaja a unos 300,000 km (186,000 millas) por segundo. La luz tarda unos 8 minutos en recorrer los 150,000,000 km (93 millones de millas) que separan el Sol de la Tierra.

Como las ondas luminosas no necesitan materia para viajar, la luz puede moverse a través del espacio vacío. Por ejemplo, el Sol emite luz visible y luz de otras longitudes de onda del espectro electromagnético. Estas ondas viajan a través del espacio hacia la Tierra.

Las ondas luminosas atraviesan algunos materiales, pero otros no. Un material que permite que la luz lo atraviese es **transparente**. Entre los materiales transparentes se encuentran el vidrio, el agua y algunos plásticos. Un material que permite que lo atraviese solo un poco de luz es **translúcido**. El papel encerado, el plástico de burbujas y la gasa son ejemplos de materiales translúcidos. Un material que no permite que la luz lo atraviese es **opaco**. La mayoría de los materiales son opacos. No podemos ver a través de ellos.

Destreza clave **IDEA PRINCIPAL Y DETALLES** **¿Por qué puede la luz viajar a través del espacio vacío?**

Las ventanas se hacen con vidrio porque el vidrio es transparente.

Absorción y reflexión

Cuando la energía luminosa choca contra un objeto, parte de ella se absorbe, parte rebota y otra parte puede atravesar el objeto.

La **absorción** se produce cuando un objeto capta la luz que llega hasta él. Los objetos de distintos colores absorben diferentes cantidades de luz. Los objetos más oscuros absorben más luz. Sin embargo, los objetos no absorben toda la luz que les llega. La luz que no atraviesa un objeto rebota en su superficie. El rebote de la luz en una superficie se llama **reflexión**. Cuando la luz se refleja en la superficie de un objeto, cambia la dirección en la que viaja.

La luz rebota en un espejo y crea una imagen. Un espejo plano siempre produce una imagen derecha, de tamaño real e invertida de izquierda a derecha.

En una superficie lisa y brillante, la luz se refleja en el mismo ángulo en el que llega a la superficie.

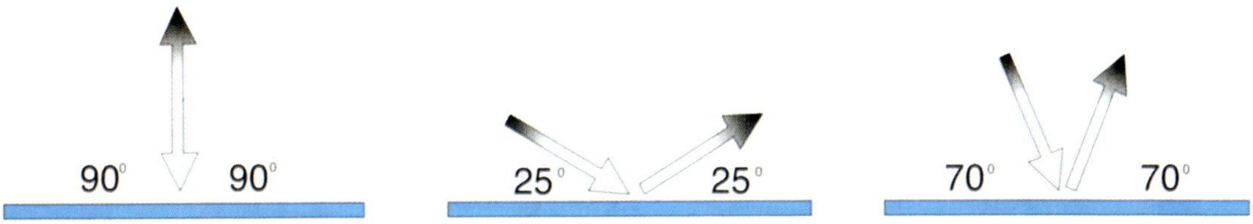

Puedes ver los objetos porque la luz reflejada por ellos llega a tus ojos. La superficie de un espejo es lisa y brillante. Una superficie lisa refleja la luz de un modo predecible. Un espejo refleja la luz en el mismo ángulo en el que la luz llega a él. Cuando te paras frente a un espejo, ves un rostro exactamente igual al tuyo. Ese es tu reflejo.

Por lo general, las superficies no son tan lisas y brillantes como los espejos. La luz que llega a las superficies ásperas o sin brillo se refleja en muchas direcciones diferentes. Cuando la luz se refleja en distintas direcciones, no es posible ver un reflejo.

Destreza clave

IDEA PRINCIPAL Y DETALLES
¿Qué sucede cuando la energía luminosa choca contra la superficie de un objeto?

Datos breves

¿Sabías que la Luna no tiene luz propia? La Luna parece brillar en el cielo nocturno porque refleja la luz del Sol.

Refracción

Cuando la luz atraviesa algunos materiales, cambia la velocidad. Este cambio de velocidad hace que la luz se desvíe. Por ejemplo, la luz se desvía cuando pasa del aire al agua o del agua al aire. Este cambio de dirección de la luz que se produce cuando pasa de un material a otro se llama **refracción**.

Cuando miras un objeto que atraviesa dos materiales diferentes, la refracción de la luz cambia el ángulo en el que ves las cosas. Por ejemplo, al mirar un objeto que atraviesa tanto el aire como el agua, ¡puedes ver que el objeto sólido parece estar dividido en dos partes!

Destreza clave **IDEA PRINCIPAL Y DETALLES** **¿Cómo influye la refracción de la luz en la forma en que ves las cosas?**

El lápiz parece estar partido en dos. La luz que viaja del lápiz a tus ojos se desvía al moverse por el agua, el vidrio y el aire.

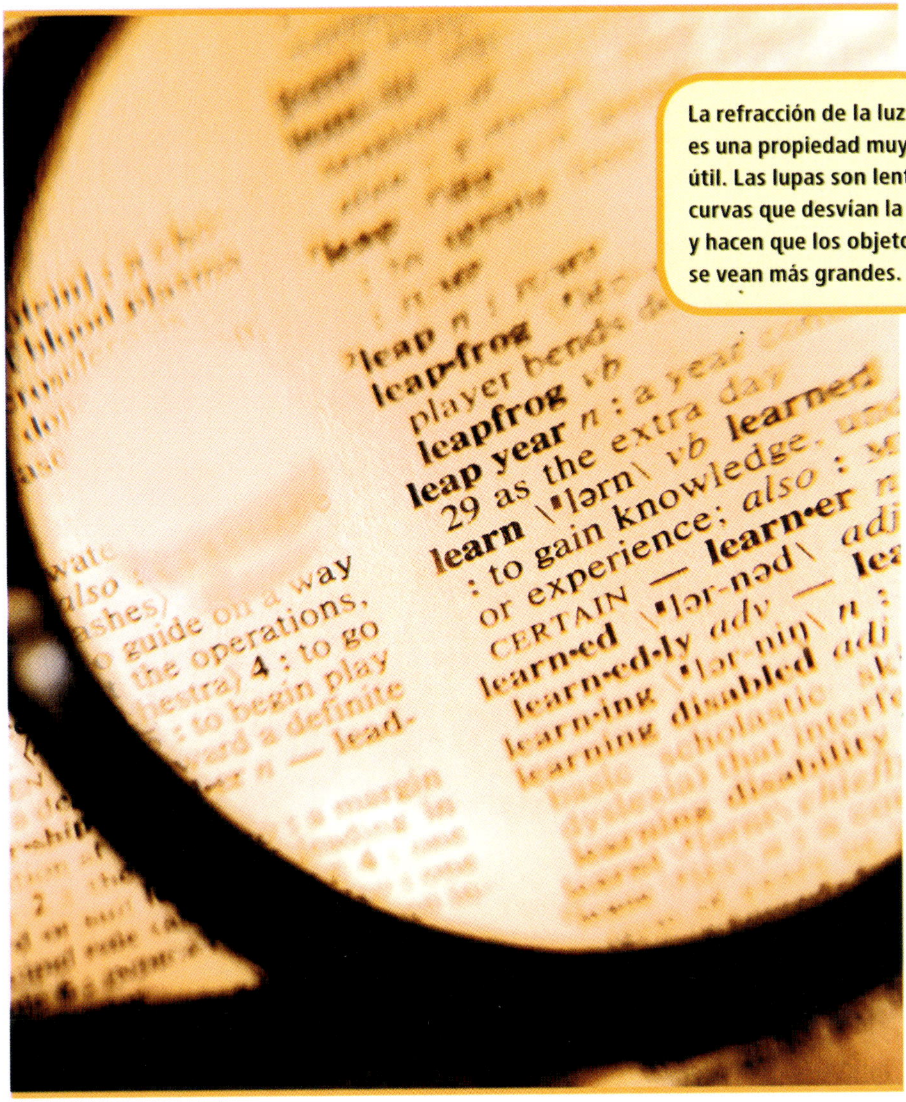

La refracción de la luz es una propiedad muy útil. Las lupas son lentes curvas que desvían la luz y hacen que los objetos se vean más grandes.

Resumen

El sonido y la luz son formas de energía que viajan como ondas. La energía sonora proviene de las vibraciones que viajan a través de la materia en forma de ondas de compresión. El volumen, el tono y la frecuencia son propiedades que ayudan a describir un sonido. La energía luminosa proviene de las ondas electromagnéticas que viajan a través del espacio y de ciertos materiales. Cuando las ondas luminosas chocan contra la superficie de un objeto, se absorben, se reflejan o se refractan.

Glosario

absorción Captación de energía luminosa o sonora por parte de un objeto (4, 12)

frecuencia Cantidad de vibraciones por segundo (7, 15)

opaco Que no permite que la luz lo atraviese (11)

reflexión Rebote del calor o de la luz en un objeto (12, 13, 15)

refracción Cambio de dirección de la luz que se produce cuando pasa de un material a otro (14, 15)

tono Medida que indica cuán grave o agudo es un sonido (6, 7, 15)

translúcido Que permite que lo atraviese un poco de luz (11)

transparente Que permite que la luz lo atraviese (11)

vibración Movimiento en vaivén de la materia (2, 3, 4, 7, 15)

volumen Intensidad de un sonido (6, 15)